JESÚS GONZÁLEZ LÓPEZ

FENOLOGÍA DE HIGO (Ficus carica L.) CON UN DÉFICIT HÍDRICOINDUCIDO

AF301048

JESÚS GONZÁLEZ LÓPEZ

FENOLOGÍA DE HIGO (Ficus carica L.) CON UN DÉFICIT HÍDRICOINDUCIDO

MEDIANTE RIEGO POR GOTEO

Editorial Académica Española

Imprint

Any brand names and product names mentioned in this book are subject to trademark, brand or patent protection and are trademarks or registered trademarks of their respective holders. The use of brand names, product names, common names, trade names, product descriptions etc. even without a particular marking in this work is in no way to be construed to mean that such names may be regarded as unrestricted in respect of trademark and brand protection legislation and could thus be used by anyone.

Cover image: www.ingimage.com

Publisher:
Editorial Académica Española
is a trademark of
Dodo Books Indian Ocean Ltd. and OmniScriptum S.R.L publishing group

120 High Road, East Finchley, London, N2 9ED, United Kingdom
Str. Armeneasca 28/1, office 1, Chisinau MD-2012, Republic of Moldova, Europe
Printed at: see last page
ISBN: 978-613-9-46565-1

Copyright © JESÚS GONZÁLEZ LÓPEZ
Copyright © 2024 Dodo Books Indian Ocean Ltd. and OmniScriptum S.R.L publishing group

DEDICATORIA

Dedicado sobre todo a mis padres, Dagoberto González Jiménez y Alicia López Jiménez, quienes desde que tengo memoria dejaron de lado su vida para brindarme incondicionalmente su apoyo en cada etapa y obstáculo, especialmente en la universidad. Todos mis logros serán de ustedes también, los amo infinitamente.

A mis hermanos Lorena, Adriana, Angélica, Emiliano, y a mi sobrina María, por creer siempre en mi potencial, por darme su apoyo y amor siempre que lo necesito, todos y cada uno son la razón de mi esfuerzo y voluntad para salir adelante. Sin ustedes no hubiera sido posible culminar mi carrera universitaria. Los amo, gracias.

A la memoria de mis amigos Pascual y Francisco, que se encuentran descansando en paz y no pudieron culminar su carrera universitaria como ellos hubieran querido, los recuerdo con mucho cariño y admiración.

A mi amigo Israel, por brindarme su apoyo, su gran amistad todos estos años y tener siempre las palabras correctas para ayudarme.

A María Fernanda, por todo el amor, respeto y comprensión que me has dado estos años, has sido un gran apoyo en este proceso.

A mi amigo Arturo, muchas gracias por haberme ayudado a realizar varias actividades de esta investigación, por apoyarme de forma académica y personal estos años de universidad.

AGRADECIMIENTOS

A la Benemérita Universidad Autónoma de Puebla y la Facultad de Ciencias Agrícolas y Pecuarias por haber sido mi segunda casa estos años de estudio y darme la oportunidad de crecer profesionalmente, me llevo grandes experiencias académicas y personales.

Agradezco a mi director de tesis, Dr. Luis Antonio por brindarme las herramientas y el apoyo para realizar mi trabajo de investigación, he aprendido mucho de usted académica y personalmente, gracias.

Agradezco a mis asesores, la Dra. Carmela, el Dr. Sigfrido y al M. C Fabiel, por ayudarme a despejar las dudas que tuve durante mi proceso de investigación y brindarme su tiempo siempre que lo necesité.

INDICE GENERAL

CONTENIDO	PÁGINAS

ÍNDICE DE CUADROS

Contenido	Página

ÍNDICE DE FIGURAS

Contenido	Página

RESUMEN

La higuera (*Ficus carica* L) es un cultivo que a pesar de ser muy remoto y usarse desde hace mucho como una especie no comercial, ha ido tomando poco a poco lugar en la producción mundial. México tiene condiciones y ventajas climáticas para convertirse en un productor importante internacionalmente, sin embargo su producción anual registrada es baja y esto podría deberse, entre otras cosas, a la poca información y experimentación que hay acerca de la influencia del riego en la producción de esta especie. Mundialmente se han hecho investigaciones respecto al déficit hídrico sobre el rendimiento y calidad de fruto, pero se ha ignorado la influencia que tiene en el desarrollo fenológico del cultivo. El objetivo de esta investigación fue evaluar la fenología de vitroplantas y plantas por estaca de higo con déficit hídrico inducido mediante riego por goteo en invernadero con un arreglo factorial 3x2 que resulta en 6 tratamientos; T1 In vitro 2.3 mm/día, T2 Estaca 2.3 mm/día, T3 In vitro 1.7 mm/día, T4 Estaca 1.7 mm/día, T5 In vitro 1.1 mm/día, T6 Estaca 1.1 mm/día. Se evaluó diámetro y altura de tallos, GDD desde la poda hasta la brotación, tercera hoja, quinta hoja, aparición de fruto y números de frutos. La variedad que se utilizo fue Bellavista, que provinieron de estacas de plantas maduras y vitroplantas obtenidas en el Laboratorio de cultivo de tejidos. Se establecieron en suelo el mes enero de 2023 bajo condiciones de invernadero. Las vitroplantas presentaron mayor precocidad en las etapas de de brotación, tercera y quinta hoja, mientras que las estacas presentaron mayor vigorosidad vegetativa y mayor número de frutos.

Palabras clave: *Ficus carica,* fenología, vitroplantas, déficit hídrico, precocidad.

ABSTRACT

The fig tree (*Ficus carica* L) is a crop that despite being very old and long and used for a long time as a non-commercial species, it has been gradually taking its place in production. Mexico has the climatic conditions and advantages to become an important international producer, however, its annual recorded production is low, and this could be due, among other things, to the lack of information and experimentation on the influence of irrigation on the production of this species. The effect of water deficit on yields has been investigated internationally. On yield and fruit quality, but the influence phenological development has been ignored. The objective of this research was to evaluate the phenology of vitroplants and and staked plants of figs with water deficit induced by drip irrigation in a greenhouse with a 3x2 factorial arrangement having six treatments;T1 In vitro 2.3 mm/day, T2 Stake 2.3 mm/day, T3 In vitro 1.7 mm/day, T4 Stake 1.7 mm/day, T5 In vitro 1.1 mm/day, T4 Stake 1.7 mm/day, T5 In 1.1 mm/day, T6 Stake 1.1 mm/day evaluating height and diameter of productive stems, quantification of the GDD in sprouting, third leaf, fifth leaf, fruit emergence and fruit numbers. The variety used was bellavisa, from mature plant cuttings and vitroplants obtained in the Tissue Culture Laboratory. They were established in soil in January 2023 under greenhouse conditions. The vitroplants showed greater precocity in the sprouting, third and fifth leaf stages, while the cuttings showed greater vegetative vigor and greater number of fruits.

Key words: *Ficus carica*, phenology, vitroplants, water deficit, precocity.

I.   INTRODUCCIÓN

El género Ficus pertenece al orden Urticales, familia Moráceas, tribu Ficeae. La higuera (*Ficus carica* L.) es originaria de la zona mediterránea de Asia sud-occidental. Se supone que es la primera planta domesticada por el hombre (Kisley *et al.*, 2006).

A nivel internacional se han realizado diversas investigaciones sobre el efecto del déficit hídrico sobre el rendimiento y calidad del fruto en higo y otros cultivos, de este modo, en el norte de China para el trigo se han logrado ahorros de hasta un 25% de agua; en la India para el cultivo de cacahuate han encontrado que la productividad se incrementa al inducir déficit hídrico en la etapa vegetativa(20 a 45 días después de la siembra "DDS"); en Australia en frutales la aplicación del riego deficitario controlado ha producido un incremento en la productividad del agua hasta un 60%, con mejoras en la calidad del fruto y sin perdidas de productividad (FAO, 2011). Para el caso de la higuera se han realizado estudios bajo diferentes escenarios de manejo con la finalidad de hacer más eficiente el uso del agua. Por ejemplo el uso de acolchado plástico (Rodríguez y Valdez, 1999) y densidades altas de plantación han sido dos sistemas que han cumplido este objetivo (De Sousa, 2013; Rivera *et al.*, 2016). Recientemente Rivera *et al.* (2016) Determinaron las necesidades hídricas de la higuera y los coeficientes del cultivo (Kc) para los diferentes meses del año, en huertas de higuera establecidas en sistemas intensivos de producción (2,000 p/ha^{-1}) y riego por goteo con el fin de calendarizar de una manera más eficiente el riego. Estos estudios dan cuenta de la importancia del riego deficitario en la agricultura actual, sin embargo, estas técnicas se deben probar de manera regional para poder implementar acciones de manejo eficiente del agua dentro de una zona determinada, además de que la respuesta al rendimiento de los cultivos depende en gran medida de las condiciones climáticas.

El territorio mexicano tiene ventajas climáticas que podrían situarlo como un productor internacional importante de higo, por encima de países que no cuentan con dichas ventajas y colocándolo como un exportador principal, sin embargo la producción en el país es baja y esto podría deberse, entre otras cosas, a la poca información y experimentación que hay acerca de la influencia del riego en la producción de esta especie.

Se ha procurado alcanzar rendimientos máximos por unidad de volumen de agua aplicado en un lugar por superficie. Esto ha traído como consecuencia que se practiquen estrategias de manejo del agua, como el riego deficitario en el que el suministro de agua es inferior a las necesidades de agua del cultivo y permite una leve escases durante las etapas de desarrollo en las que el cultivo es menos sensible a una deficiencia hídrica. Tal es el caso del higo, que si bien es un cultivo con bajas demandas de agua también es cierto que su mercado e investigación a nivel nacional están poco explorados.

La población mundial crece de manera exponencial, se estima que para 2050 sea de 9,700 millones un crecimiento mayor a los 2, 000 millones en cerca de 30 años, lo que creará una gran demanda de alimentos y provocará una fuerte presión sobre los recursos naturales, por lo que será necesario producir más con los mismo recursos. La propagación *in vitro* se usan para una producción masiva o almacenar material vegetal para usarse después (Rojas *et al.*, 2004)

En las plantas in vitro la propagación es más rápida, otra ventaja es que se puede multiplicar en cualquier fecha y puede estar libre de patógenos. Sin embargo los costos de este método son mayores y las plantas pueden tardar más de 2 años para iniciar la producción, en cambio las plantas propagadas `por estaca pueden iniciar a producir en menos de un año (Demiralay *et al.*, 1998).

Por otra parte, el déficit hídrico tiene efecto no solo en la producción, también en las etapas fenológicas, la vigorosidad vegetativa, épocas de cosecha y carácteres tropicales (Fischer y Maurer, 2012).

Como se menciona anteriormente, para este cultivo no se cuenta con suficiente información sobre experimentación en el riego ligado a las etapas fenológicas y la forma de propagación, así como la respuesta del cultivo ante tratamientos relacionados con la lámina de riego disponible en una región determinada.

II. OBJETIVOS

2.1. Objetivo general

Evaluar la fenología de vitroplantas y plantas por estaca de higo con un déficit hídrico inducido mediante riego por goteo y sistema de producción intensivo.

2.2. Objetivos específicos

1. Comparar el desarrollo vegetativo de plantas propagadas por estaca y vitroplantas, sometidas a un déficit hídrico inducido en riego por goteo y un sistema intensivo de producción.

2. Determinar la acumulación de grados días de desarrollo de plantas propagadas por estaca y plantas in vitro, sometidas a un déficit hídrico inducido en riego por goteo y un sistema intensivo de producción.

III.   HIPÓTESIS

La variación en los niveles hídricos durante el crecimiento del higo, repercute en el tiempo de inicio de las etapas fenológicas, así como en la duración del ciclo de cultivo.

IV.   REVISIÓN DE LITERATURA

4.1.Origen

El cultivo de la higo (*Ficus carica* L.) nativo del continente asiático y se extendió a zonas mediterráneas para después establecerse por el continente americano (Pereira *et al.*, 2015).

Lo caracteriza su versatilidad para adaptarse a varios climas y suelos, así como ser tolerante a sequías y salinidad, no obstante los mejores rendimientos ocurren en climas secos y cálidos durante el verano y húmedos en invierno (El–Shazly *et al.*, 2014). Por lo que se podría decir que el higo es un cultivo de zonas áridas y semiáridas.

4.2.Distribución

Los principales productores son Egipto y Turquía, con 300 mil y 168 mil t año-1, respectivamente, mientras que México ocupa el lugar 19, con una producción de 7 mil t año-1, en una superficie de 1340 ha localizadas principalmente en los estados de Morelos y Baja California Sur, lo que da un rendimiento de 5.2 t/ha (FAO, 2018).

En la Comarca Lagunera de Durango hay un total 22 ha de higuera, con sistemas tecnificados de producción; cuentan con riego tecnificado, macrotuneles para evitar daños por frío en invierno, plantación de producción intensiva (2500 árboles ha^{-1}) y podas anualmente y en verde para mantener la copa del árbol compacta (SIAP, 2019).

4.3. Importancia económica

4.3.1. Importancia económica mundial

En la actualidad los principales países productores como Egipto, Turquía y Argelia están en el mediterráneo y se ha logrado establecer de buena manera en países como EE. UU., Brasil, China, Sudáfrica, Japón y México (FAO, 2018).

En 2018 se registraron cultivo de higo en 53 países, lo que indica una superficie cosechada de 218,729 ha y un rendimiento promedio de 6.5 ton/ha (FAOSTAT, 2020).

En 2019 la producción obtenida de higo en el mundo fue de 1,315,588 toneladas, con una superficie cosechada de 289,818 hectáreas, por lo que el rendimiento promedio mundial fue de 4.5 toneladas por hectárea (INTAGRI, 2020).

4.3.2. Importancia económica nacional

En el territorio mexicano hay alrededor de 1220 Ha y se estima una producción de 6, 000 toneladas cuya valuación es de 47 millones de pesos. Los estados más productores son Morelos, Puebla, Hidalgo y Baja California sur, siendo Morelos el mayor productor con 57 % de la producción nacional (Hidroponia, 2015). Las 783.5 hectáreas que se producen al año en el estado de Morelos registran rendimientos de hasta 5.4 toneladas por hectárea, lo que origina 3, 713, es decir más de 31 millones de pesos anuales (SADER, 2019).

4.4. Descripción morfológica

La higuera (*Ficus carica* L.) es una planta de bajo porte, con altura de 3 a 10 m, pertenece a la familia de las Moráceas y al género Ficus, en este género se hallan más de 500 especies, la mayor parte son plantas ornamentales y algunas son especies frutícolas de climas tropicales. El higo es un árbol que posee un robusto sistema radicular que con las condiciones adecuadas es bastante superficial (de 20 a 40 cm de profundidad) y a una distancia horizontal que cubre alrededor de 15 m. El tallo no es muy alargado ya que tiende a tomar forma Arbustiva y cerca del suelo. Tiene yemas terminales y axilares; las hojas suelen ser grandes, entre 10 y 20 cm, con un grosor de 3 a 7 mm, el sícono envuelve a las flores y tiene un orificio de salida nombrada ostilo. Los frutos verdaderos son nombrados aquenios, tienen una estructura dura y son pequeños (1 mm). Hay un receptáculo llamado aquenio que envuelve al fruto (Lucero, 2018).

4.5.Fenología del higo

La fenología podría definirse como el estudio de la relación existente entre los factores climáticos y los ciclos de los seres vivos (Elias y Castelvi, 2001).

De Cara *et al.* (2007) indica que la fenología es la rama científica que analiza los procesos y periodos biológicos periódicos que tienen relación con el clima y el curso de la atmósfera en un lugar específico.

No se conoce literatura confiable sobre la fenología del higo, han realizado comparaciones utilizando especies similares, consiguiendo clasificar 5 fases fenológicas del higo. Fase 1: hinchamiento de yemas, fase 2: emergencia de primeras hojas, fase 3: aparición de frutos o siconos, fase 4: maduración de frutos, fase 5: inicio de la caída de hojas (Pucha, 2016).

4.6. Propagación del cultivo de higo

4.6.1. Propagación sexual

La higuera puede propagarse también de forma sexual, obteniendo semillas botánicas para formar almácigos, pero con esta forma de propagación la planta fructifica mínimo 10 años después de la plantación (Mendoza, 2019).

4.6.2. Propagación Asexual

Este tipo de propagación se basa en multiplicar la planta con material vegetal de la misma, las cuales pueden ser estacas, raíces y hojas, entre otras (Gárate, 2010), lo que ayuda a conservar genotipos y tener individuos iguales e inclusive mejorados genéticamente (Ortuño, 2017). Las formas más empleadas de este tipo de reproducción son acodos en la zona aérea del higo y estacas de plantas maduras.

4.7. Requerimientos hídricos

La higuera tiene su rango entre 700 y 800 mm anuales (Melgarejo, 2000).

Es la raíz la que define si la planta será resistente o no al estrés hídrico cuando llegue la etapa de primeros frutos, pues la disponibilidad de agua para el sistema radicular determinará unos frutos huecos o carnosos y de calidad (Tumut, 2002), mientras que un exceso de agua en ese período hace que los frutos se resquebrajen por presión interna (Lobos, 2017).

El higo tiene gran tolerancia a escasez de agua, incluso ha mostrado buen desarrollo vegetativo en zonas de hasta 80 mm/ año, sin embargo en esas circunstancias no produce frutos (De Sousa, 2013; Rivera *et al.*, 2016),

4.8. Déficit hídrico

Ocurre cuando, la exigencia de agua es más mayor que la cantidad usada en un tiempo determinado, o bien cuando los factores externos e internos no permiten que esté disponible debido a la calidad del agua, el riego se calendariza muy espaciados o calculado como deficitario para un diseño experimental o determinar la versatilidad del suelo para retener y la demanda del cultivo, el suelo o el agua de riego pueden ser salinos limitando la absorción de agua por parte del cultivo y puede tener una aireación pobre o estar inundado impidiendo la absorción de agua (FAO, 2006)

4.9. Generalidades hídricas

4.9.1. Capacidad de campo

Es la cantidad de agua que hay en un suelo saturado 48 horas después de filtrarse. Los poros mayores a o.05 mm ayudan a que el agua se drene, pero poros de menor tamaño también pueden participar en la filtración del agua en el suelo. El término de capacidad de campo es válido solo en suelos con buena estructura y drenaje veloz (FAO, 2000).

4.9.2. Punto de marchitez permanente

Se refiere al contenido de agua de un suelo que ha perdido toda su agua a causa del cultivo y, por lo tanto, el agua que permanece en el suelo no está disponible para el mismo. En esas condiciones, el cultivo está permanentemente marchito y no puede revivir cuando se le coloca en un ambiente saturado de agua. Al contacto manual, el suelo se siente casi seco o muy ligeramente húmedo. (FAO, 2000).

4.9.3. Evapotranspiración

La evapotranspiración (ET) es la cantidad de agua perdida por el cultivo que debe reponerse mediante el riego. Se mide o estima comúnmente en mm día^{-1} o mm mes^{-1} (Allen *et al.*, 1989). La cuantificación de la ETo (evapotranspiración potencial o de referencia) se puede realizar mediante métodos directos o indirectos. Los métodos indirectos más comunes para determinar la evapotranspiración de referencia son: Cubeta o tanque evaporímetro (Pereira *et al.*, 1995).

4.10. Manejo del agua en higo

El cultivo de higo tiene requerimientos de agua bastante bajos respecto a otros cultivos, por lo que, el emplear un sistema de riego localizado es una opción muy viable para el manejo y la optimización del recurso hídrico. Se sugiere utilizar el sistema de fertirriego con el que puede lograrse alta productividad considerando que el higo demanda una media de 700 litros anuales de agua para un buen desarrollo y calidad del fruto. Con este sistema se puede mantener, mediante riegos programados, un nivel óptimo de humedad. Es importante contar con el asesoramiento de personal capacitado en el manejo de agua. Además, considerando que esta especie se desarrolla bien en zonas semiáridas, es necesario buscar la manera de obtener y optimizar el agua, pues en regiones con el clima propicio para el higo no se cuenta con abundantes recursos hídricos y se debe recurrir a pozos de riego y todo un sistema hidráulico que pueda abastecer los distintos cultivos en cada región (Flores, 1990).

4.11. Riego en higo

En cuanto a necesidades hídricas el higo no es muy demandante sin embargo cuando las locaciones principales de producción pasan sequías de largos periodos, es necesario abastecer de agua al cultivo mediante un sistema de riego localizado (Costa, 2019).
La calendarización del riego está sujeta a factores como vigorosidad vegetativa, tamaño, suelo y la precipitación (Flaishman *et al.,* 2002). Cuando comienza la maduración de los frutos es mejor evitar los riegos frecuentes o abundantes pues puede dar paso a la podredumbre y baja calidad postcosecha (Costa, 2019). El aumentar drásticamente la dosis de riego durante la maduración provocará que la fruta se agriete (Melgarejo, 2000). Si el riego se aumenta en el verano puede causar mayor crecimiento vegetativo y esto podría afectar la calidad de los frutos. Un suelo saturado puede ser causa de fruta grande y excedida de agua lo que ocasiona podredumbre y marchitez (Flaishman *et al.,* 2002).

4.12. Grados días de desarrollo

Conocer el periodo de cada etapa fenológica y la influencia de factores climáticos es primordial para obtener mejores (Prabhakar *et al.,* 2007). Considerando esto, la temperatura es el factor climático más importante en la fenología de la planta. Las unidades calor o grados días de desarrollo son la variable más usada para determinar las etapas de la planta (Qadir *et al.*, 2007).Reamar usó el término de unidades calor en 1970 y dio pie distinta maneras para calcular dicho factor. El concepto de unidades calor, medidos en grados día desarrollo (GDD), han mejorado la descripción y la predicción de los eventos fenológicos de las plantas, en comparación con otras aproximaciones como la época del año o el número de días (Cross y Zuber, 1972; McMaster, 1992). El método más usado para calcular los GDD es el método residual, con la siguiente ecuación:

$$GDD = ((Tmax - Tmin)/2) - Tb$$

Tmax= temperatura máxima diaria , Tmin= temperatura mínima y Tb es la temperatura base del cultivo. Esta última suele variar entre especies y cultivos. Esta ecuación indica la energía en forma de calor recibida por el cultivo en cierto tiempo (McMaster y Wilhelm, 1997). Se han sugerido modificaciones a la ecuación para resaltar el significado biológico del método, como son incorporar una temperatura umbral máxima o funciones de otros factores ambientales que afecten la fenología (McMaster *et al.*, 1992).

V.   MATERIALES Y MÉTODOS

5.1. Localización del experimento

La investigación se realizó en el invernadero de la Facultad de Ciencias Agrícolas y Pecuarias de la Benemérita Universidad Autónoma de Puebla campus Teziutlán (Figura 1). Ubicación geográfica en los paralelos 19° 47′ 06" y 19° 58′ 12" latitud norte y 97° 18′ 54" y 97° 23′ 18" de longitud, a 1607 m.s.n.m.

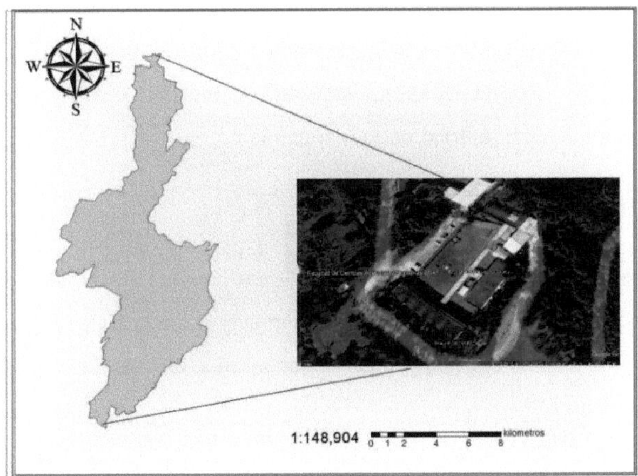

Figura 1. Ubicación del experimento

5.2. Material vegetal

El material vegetal que se utilizó fueron plantas propagadas por estacas y vitroplantas del laboratorio de cultivo de tejidos de la facultad, la variedad utlizada fue "Bellavista" debido a su ventaja económica y su adaptación a los sistemas intensivos para la producción. Las plantas utilizadas tuvieron cuatro meses en vivero y se establecieron a suelo en el mes de enero. Se mantuvieron en condiciones de invernadero y riego localizado. Al ser un sistema intensivo se realizó un distanciamiento entre plantas de 0.60 m y 1.60 m entre hileras, con una densidad de población de 10, 400 plantas·ha^{-1}.

5.3. Establecimiento y conducción del experimento

La conducción del experimento se realizó durante el ciclo fenológico del cultivo y hasta el inicio de la etapa reproductiva, lo que abarcó de abril a octubre del 2023. En el mes de abril se realizó la poda de las plantas, esto con la finalidad de generar y seleccionar seis tallos productivos para el nuevo ciclo y eliminar los brotes basales o laterales durante su desarrollo. Para la nutrición de las plantas, durante el establecimiento del cultivo se realizó una fertilización de fondo con 100 g de Triple-17, y un kilogramo de composta para después suministrar la siguiente formulación en mg/L de 940 de nitrato de calcio, 200 de nitrato de potasio, 340 de sulfato de potasio, 55 de fosfato monoamónico, 490 de sulfato de magnesio, 15 de sulfato ferroso, 4 de sulfato de manganeso, 4.5 de bórax, 0.4 de sulfato de cobre, 0.4 de sulfato de zinc, ajustando el pH a 5.6. Esta solución nutritiva se aplicó mediante el riego siempre respetando el déficit hídrico en cada tratamiento.

5.4. Diseño Experimental

El diseño experimental que se utilizó fue bloques completamente al azar, con arreglo factorial, donde el primer factor consistió en las láminas de riego: 2.3, 1.7 y 1.1 mm diarios, y el segundo fueron los dos tipos de plantas: vitroplantas y estacas. La unidad experimental constó de cinco plantas.

5.5. Tratamientos

De acuerdo a las necesidades hídricas del cultivo establecidas por Muñoz *et al.* (2017) las plantas de higo necesitan un promedio entre 0.79 – 1.36 L de agua diarios para tener una buena productividad, sin embargo esto depende de los factores climáticos en la localización del cultivo.

Para evaluar la fenología de las plantas y vitroplantas de higo variedad "Bellavista" y el efecto que tiene el déficit hídrico inducido, se plantearon 2 factores, el primero fue el tipo de planta que cuenta con 2 niveles (vitroplanta y estaca), y el factor niveles de riego, cuyos 3 niveles son (100 % de Etc (riego completo), 75 % de Etc y 50 % de Etc.

Tratamiento	Factor A (lámina de riego) mm·día^{-1}	Factor B (tipo de planta)
1	2.3	*In vitro*
2		Estaca
3	1.7	*In vitro*
4		Estaca
5	1.1	*In vitro*
6		Estaca

El riego se suministró mediante un sistema de riego por goteo, con emisores con un caudal de 8 L·h^{-1} y un espaciamiento de 30 cm entre emisores.

El riego se realizó en un intervalo de 5 días cubriendo la respectiva lámina de riego de cada nivel, lo que equivale a:

Nivel 1, 100%, 2.3 mm/día= 1:06 hrs de riego cada 5 días

Nivel 2, 75%, 1.7 mm/día= 58 minutos de riego cada 5 días

Nivel 3, 50%, 1.1 mm/día= 29 min de riego cada 5 días

5.6.Variables a evaluar

Número de brotes: Se realizó el conteo de los brotes que emitió la planta desde la poda

Días a brotación. Se contaron los días desde la poda hasta la aparición del primer brote en cada planta.

Aparición de tercera hoja. Se realizó el registro de la fecha de aparición de la tercera hoja desarrollada por completo.

Aparición de quinta hoja. Se realizó el registro de la fecha de aparición de la quinta hoja desarrollada por completo.

Días totales a tercera hoja. Se contaron los días desde la poda hasta la aparición de la tercera hoja en cada planta.

.Días totales a quinta hoja. Se contaron los días desde la poda hasta la aparición de la quinta hoja en cada planta.

. Longitud y diámetro de brotes. Se realizaron mediciones de los tallos productivos cada 15 días con cinta métrica y vernier digital. La longitud se midió desde la base de cada tallo y hasta el otro extremo o punta. El diámetro se consideró por debajo del entrenudo más cercano a la base.

Aparición del primer sicono por tallo productivo. Se realizó el registro de la fecha de aparición del primer sicono en cada rama productiva y además contando los días transcurridos desde la poda

Grados día de desarrollo (GDD).). Se calcularon los grados días de desarrollo de las variables de brotación, días a tercera hojas, días a quinta hoja, días a primer sicono, usando el método residual y una temperatura base de 13 °C (Wilson y Barnett, 1983).

$$GDD_R = ((TM+Tm)/2)-Tb$$

Donde: GDD_R= grados día de desarrollo método residual (°C día):

TM= temperatura máxima diaria (°C):

Tm= temperatura mínima diaria (°C):

Tb= temperatura umbral mínima (°C).

5.7. Análisis estadístico

Con base en los datos conseguidos se realizó un análisis de varianza (ANDEVA) y una comparación múltiple de medias de Tukey (P≤0.05) mediante el paquete Statistical Analysis System versión 9.0 (SAS).

VI.   RESULTADOS Y DISCUSIÓN

6.1.Efecto del tipo de planta y déficit hídrico inducido en el cultivo de higo

El cuadro 1 presenta el resultado de análisis estadístico para las respuestas de plantas de higo al tipo de propagación (Factor A; Niveles de riego deficitario), y el efecto de tipo de planta (Factor B; tipo de planta; vitroplanta y estaca) para las variables de diámetro y longitud de brotes.

En el cuadro se puede apreciar que para la variable longitud de brotes en referencia el factor A (lámina de riego) las primeras 3 fechas de medición (39, 56, 73, días después de la poda) no presentaron diferencia significativa, mientras que en las siguientes fechas (91, 107, 125 días) se encontraron diferencias significativas y a los 141 y 160 días, presentaron diferencias altamente significativas. De esto se puede inferir que el efecto del factor niveles de riego tuvo un inicio tardío, sin embargo, en las fechas finales su impacto fue muy significativo para la longitud de los brotes de higo. En cuanto al diámetro y el factor lámina de riego, presentó diferencias significativas y altamente significativas a partir de los 56 días de evaluación, los niveles de riego tuvieron un efecto ligeramente mayor en el diámetro, sin embargo para ambas variables hubo diferencia significativa en la mayor parte del desarrollo de las plantas de higo.

El factor B (tipo de planta) tuvo efecto sobre la longitud de brotes en casi todas las fechas, siendo la fecha 1 (39 días) la única que no obtuvo una diferencia significativa, mientras que las fechas 2 y 3 tuvieron una diferencia significativa y las fechas 4, 5, 6, 7, y 8 presentaron diferencias altamente significativa. Al igual que en el factor A, el factor B, aunque en menor medida, tuvo un inicio tardío para la variable de longitud de brote, pero a diferencia del factor A, el factor B presenta más fechas con una diferencia altamente significativa.

El impacto del factor B sobre el diámetro de los brotes fue por mucho el mayor, ya que se presentó una diferencia altamente significativa en todas las fechas de medición. Se puede decir que el tipo de planta influyó de forma altamente significativa sobre el diámetro, desde la poda hasta la última medición.

Cabe destacar que en la interacción de ambos factores (A* B) no hubo diferencia significativa en ninguna de las 8 mediciones realizadas para las variables de diámetro y longitud de fruto, por lo que se debe asumir que, de forma individual cada factor genera diferencias significativas y altamente significativas en la mayor parte del desarrollo de los brotes, sin embargo la interacción de ambos tiene un efecto prácticamente nulo sobre el diámetro y longitud de los brotes de las plantas de higo. Rodríguez et al. (2016)

Las plantas in vitro a diferentes maneras de producción no ha tenido la respuesta esperada, por lo que es primordial experimentar estableciendo sistemas agronómicos que nos permitan obtener más alternativas de material vegetal (Rodríguez et al., 2016)

Los resultados del factor B (tipo de planta; vitroplanta y estaca) mostraron grandes resultados en cuanto a la parte vegetativa, presentando diferencias altamente significativas en todas las mediciones realizadas, por lo que esta parte de la investigación puede dar pie al hecho de que hay maneras de mejorar la producción de vitroplantas, ya sea en la parte productiva, o como es el caso, la vegetativa.

Cuadro 1. **Cuadrados medios y grado de significancia para las variables de longitud y diámetro en 8 fechas de medición para el impacto de tipo de planta y déficit hídrico inducido mediante riego por goteo.**

F. V		A	B	A*B	Error
GL		2	1	2	18
L1		15.17NS	8.27NS	2.52NS	19.46
D1	39 días	0.89**	4.38**	0.16NS	0.15
L2		12.84NS	243.46*	8.66NS	59.44
D2	56 días	0.99*	11.99**	0.42NS	0.428
L3		205.68NS	789.59*	79.89NS	126.68
D3	73 días	1.43*	16.55**	0.33NS	0.76
L4		717.15*	1691.92**	285.35NS	199.9
D4	91 días	2.11NS	27.9**	0.77NS	1.20
L5		1521.87*	3067.95**	591.22NS	299.58
D5	107 días	4.06NS	43.65**	1.34NS	1.81
L6		2094.75*	4283.75**	722.85NS	370.52
D6	125 días	10.29*	61.76**	1.98NS	2.52
L7		3436.98**	5430.94**	957.83NS	476.49
D7	141 días	12.95*	73.15**	2.33NS	3.08
L8		5909.96**	6713.41**	1226.98NS	610.15
D8	160 días	17.15*	89.35**	2.84NS	3.88

FV: Fuentes de variación, GL: grados de libertad, Variables; D: diámetro del tallo; L: longitud de tallo, ** altamente significativo con $P \leq 0.01$, *significativo con $P \leq 0.05$ y NS: no significativo.

En la figura 2 se puede apreciar el crecimiento longitudinal promedio de los brotes de plantas y vitroplantas de higo durante 8 fechas de medición sometidas a 6 tratamientos. Después de 39, 56 y 73 días a partir de la poda y considerando la comparación de medias, no hubo diferencia significativa de una fecha a otra. A partir de la cuarta fecha (91 días) el tratamiento dos (estacas con 2.3 mm/día^{-1} de lámina de riego) fue el de mayor desarrollo con una longitud promedio de 64.3 cm, un 47 % superior si lo comparamos con las vitroplantas bajo la misma lámina de riego (33.72 cm). Esta tendencia se mantuvo durante las subsecuentes fechas de medición llegando a una altura total de 118 cm. Por otro lado, el tratamiento que menor crecimiento tuvo fue el número cinco, con una altura final de 31.46 cm siendo un 73.3 % menor, en comparación con el mejor tratamiento (T2).

Se observa claramente que los 3 tratamientos que involucran vitroplantas son los que presentaron menor crecimiento en las mediciones realizadas, se puede inferir que, al disminuir la lámina, la longitud de los brotes disminuye de igual manera, a pesar de no ser estadísticamente significativo, se observa que el T1 tuvo una longitud final de 56.43 cm, mientras que el tratamiento T5 fue de 31.46 cm un decremento del 44.2 %.

Por otro lado, los 3 tratamientos con plantas reproducidas por estaca presentan un crecimiento superior al de las vitroplantas en cada una de las 8 fechas de medición. Como ya se menciona el tratamiento 2 (Estaca + 2.3 mm/día) fue el de mayor crecimiento, con una longitud final de 118 cm, lo que se traduce en un incremento del 123.8 % de crecimiento en comparación con el tratamiento seis que tuvo una longitud de 47.60 cm

Este comportamiento ya ha sido mencionado por *(Hronkova et al., 2003; Nuñez-Ramos et al., 2020)* quienes redactan que, en el proceso de propagación las vitroplantas pueden desarrollarse anormalmente en cuanto a morfología y fisiología, cosa que no condiciones *ex vitro*.

Lombardini y Rossi (2019) mencionan que el estrés hídrico afecta diferentes procesos bioquímicos y de desarrollo de las plantas, como lo es la disminución de la fotosíntesis (Sperlich et al. 2016) los cambios en las relaciones hídricas (*Yousfi et al. 2016*), reducción en la división y crecimiento celular (*Avramova et al. 2016*), así como de la acumulación de azúcares, estos factores tienen un papel de suma importancia en la reducción de la productividad. Lo cual puede confirmar lo sucedido en las plantas sometidas a un déficit hídrico, ya que en láminas de riego de 1.7 y 1.1 mm, se observó que las plantas tuvieron un menor crecimiento el cual deriva de la división y crecimiento celular.

Altamirano (2022), al someter a un déficit hídrico plantas de higo variedad 'Black Mission' reportaron después de 150 días de ciclo de cultivo longitudes de brote entre 140 a 180 cm, siendo los valores más bajos para aquellas que se les suministro el 50 % de su requerimiento hídrico, resultados que concuerdan parcialmente con los encontrados en esta investigación, ya que cuando la lámina de riego se redujo en un 50 %, el crecimiento de los brotes se redujo significativamente hasta en un 40 %, para el caso de las plantas propagadas por estacas, mientras que las vitroplantas se vieron más afectadas con una disminución del 55. 7 % (entre los tratamientos 1 y 5). Lo que concuerda con lo descrito por Lombardini y Rossi (2019) el primer síntoma que causa un déficit hídrico es la pérdida de turgencia, que causa una reducción en el tamaño de las células y una reducción en el crecimiento de brotes.

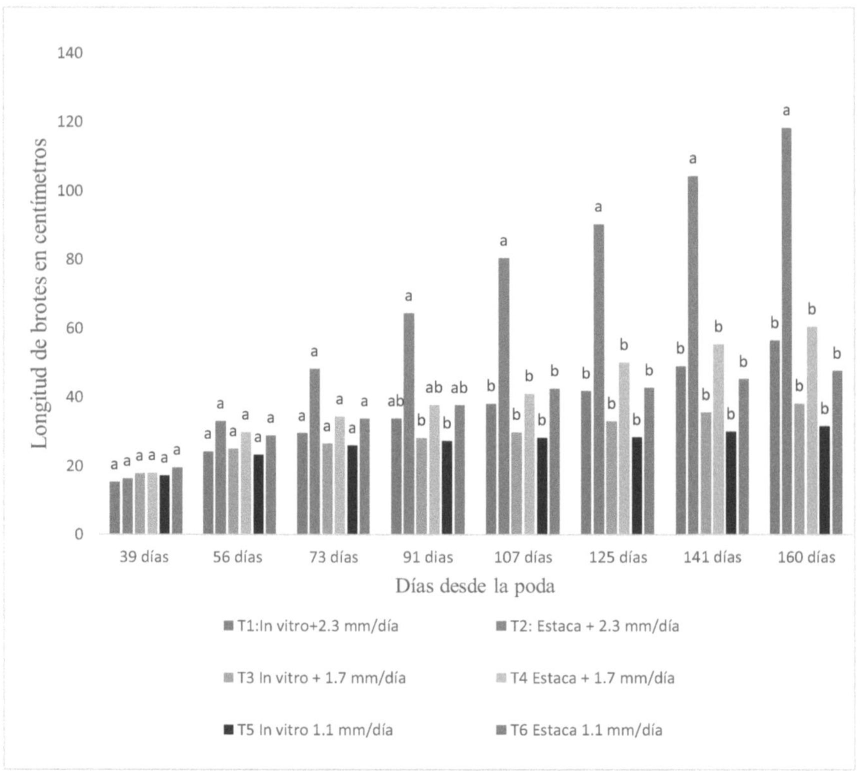

Figura 2. Longitud de brotes de plantas y vitroplantas de higo con un déficit hídrico inducido mediante riego por goteo.

La figura 3 muestra el crecimiento del diámetro de tallo de los brotes de plantas y vitroplantas de higo durante 8 fechas de medición sometidas a 6 tratamientos.

Con los diámetros ocurre distinto a las longitudes, ya que en las primeras 3 fechas si se observan diferencias significativas entre tratamientos.

En la fecha 1 (39 días) es T6 (estaca + 1.1 mm/día) el tratamiento con mayor promedio de diámetro con 4.6 mm, mientras que el menor es T1 (vitroplanta + 2.3 mm/día) con 2.6 mm.

En la segunda fecha de medición fue el T2 (estaca + 2.3 mm/día) el que presenta el mayor promedio con 6.1 mm de diámetro, presentando un crecimiento del 50% comparado a la fecha anterior (fecha 1), mientras que el tratamiento con el menor crecimiento fue el T5 (in vitro + 1.1 mm/día) con un promedio de diámetro de 4 mm, mostrando apenas un incremento del 5 % desde la fecha 1. Esta tendencia se mantuvo en todas las fechas siguientes, siendo el T2 (estaca + 2.3 mm/día) el de mayor diámetro, llegando a un diámetro promedio final de 13.8 mm, siendo un 40% mayor, en comparación con el T2, tratamiento con vitroplanta y la misma lámina de riego.

Al igual que ocurrió en la longitud los 3 tratamientos que involucran estacas fueron superiores a los 3 de vitroplantas, lo que podría indicar que al disminuir la lámina, el diámetro

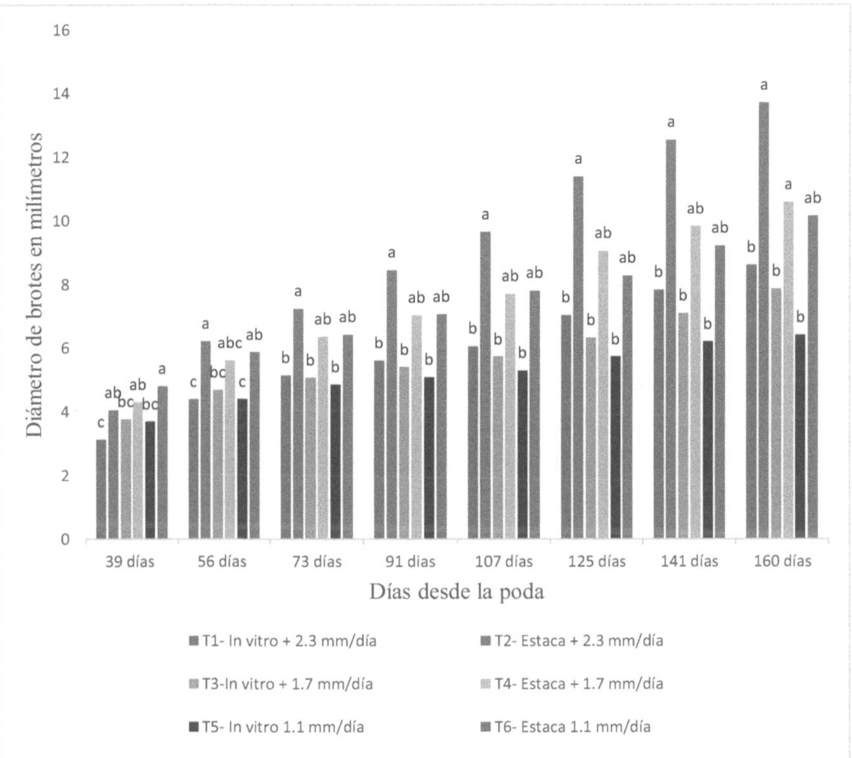

Figura 3. Diámetro de brotes de plantas y vitroplantas de higo con un déficit hídrico inducido mediante riego por goteo.

de los brotes también disminuye, por ello aunque no existe diferencia estadística significativa, el T1 tuvo un diámetro final de 8.3 mm, mientras que el tratamiento T5 fue de 6.2 mm, un decremento del 26 %. Lo anterior concuerda con lo dicho por (Kulkarni y Pharkle, 2009) quienes afirman que el déficit hídrico afecta negativamente el desarrollo del área foliar dado que restringe el área disponible para realizar el proceso fotosintético, lo que se traduce en una reducción de biomasa aérea. Sin embargo, cabe mencionar que, aunque los tratamientos con déficit hídrico muestran un menor desarrollo vegetativo, no es el único factor, ya que el tratamiento de planta propagada por estaca con la menor lámina de riego es superior a la vitroplanta con el mayor nivel de riego. De esto podemos inferir que los tratamientos que involucran vitroplantas se vieron afectadas en mayor medida por el tipo de propagación que por el déficit hídrico.

El cuadro 2 muestra el análisis de varianza para el efecto de 3 los niveles de riego (Factor A; 2.3 mm, 1.7 mm, 1.1 mm) y al tipo de planta (Factor B; in vitro y estaca), de los grados días de desarrollo para cuatro etapas fenológicas (brotación, tercera hoja, quinta hoja, primer fruto) y el número de frutos.

Los grados días de desarrollo acumulados a brotación muestran diferencias altamente significativas tanto para el factor A como el factor B, mientras que la interacción de ambas no muestra diferencia significativa. Los grados días de desarrollo a tercera hoja presentaron diferencias altamente significativas para ambos factores. En cuanto a los grados días de desarrollo para la quinta hoja, el factor A presenta una diferencia altamente significativa.

Respecto a las variables de frutos, tanto en los grados días de desarrollo para el primer fruto (GDF), como en el número de frutos (NF), no hubo diferencia significativa para el factor A y en cuanto al factor B hubo una diferencia altamente significativa para ambos casos, la interacción entre los factores tampoco presentó diferencia significativa.

Cabe destacar que en ninguna etapa hubo diferencia significativa para la interacción entre factores, lo que indica que los factores tienen efecto sobre los grados días de desarrollo por separado pero no en conjunto.

Cuadro 2. Cuadrados medios y niveles de significancia para las variables de grados días de desarrollo desde la poda

F V	G L	GDB	GD3	GD5	GDF	NF
A	2	6239.64**	2436.16**	7739.83**	456069NS	0.28NS
B	1	8886.57**	11288.77**	13249.77*	17654296**	22.49**
A*B	2	32.45NS	11.4NS	380.52NS	57842.4NS	0.177NS
Error	18	562.90	254.49	949.78	291380.46	0.795
Total	23					
CV	18	12.06	4.52	6.14	23.94	44.53

FV: Fuentes de variación, CV: coeficiente de variación, GL: grados de libertad, ** altamente significativo con $P \leq 0.01$, *significativo con $P \leq 0.05$ y NS: no significativo, GDB grados días a brotación, GD3 grados días a tercera hoja, GD5 grados días a quinta hoja, GDF grados días a primer fruto, NF número de frutos.

En el cuadro 3 se presenta la comparación múltiple de medias para los 6 tratamientos con respecto a las variables grados días de desarrollo entre las etapas fenológicas. Las plantas *in vitro* con la mayor lámina de riego (T1) mostraron ser el mejor tratamiento para las 3 variables GDB, GD3 Y GD5, es decir que el T1 es el tratamiento que genera más precocidad en el cumplimientos de las etapas fenológicas del higo, se acumularon 153, 311 y 451 grados días respectivamente, mientras el tratamiento 4 fue el que necesitó una mayor acumulación de grados días (214, 377 y 537 respectivamente). En cuanto al inicio del ciclo reproductivo fue el tratamiento 2 (Estaca + 2.3 mm/día) el que menor acumulación de grados días necesitó (1272 GD) en comparación con el tratamiento 5 donde esta etapa a pesar de tener una acumulación hasta la última fecha de estudio de 3247 GD la formación de yemas florales no ha ocurrido.

Al analizar los datos obtenidos para las vitroplantas de higo se puede observar que la brotación de las plantas se vio afectada por la lámina de riego, ya que al aplicar 2.3 mm de riego esta etapa necesito una acumulación de 153.6 GD, mientras que para el riego deficitario (1.1 mm) necesito de 206 GD, lo que se traduce en un incremento del 17 %. Tendencia que se vio reflejada en las siguientes etapas fenológicas. En cuanto a las plantas que provienen de estacas tuvieron un comportamiento similar que las vitroplantas, siendo la lámina de riego más alta, donde requiero una menor acumulación de GD, por ejemplo, para la aparición del primer fruto el tratamiento 2 (2.3 mm de lámina de riego) acumulo 1272.1 GD, mientras que el tratamiento seis (1.1 mm) requirió una acumulación de 1612. 7 GD, esto sin mostrar diferencias significativas entre los tratamientos.

De manera similar para las 3 variables de GDB, GD3 Y GD5 las plantas propagadas por estaca con la menor lámina de riego (T6) mostraron ser el tratamiento más tardío para cumplir sus etapas fenológicas.

Altamirano (2022) al cuantificar los grados hora de crecimiento de variedad 'Black Mission' para dos niveles de riego, encontró que las plantas acumularon alrededor de 1100 a 1200 horas grado para llegar a etapa reproductiva y encontrando diferencias significativas en aquellas plantas que fueron sometidas a un déficit del 50 %, siendo que estas ultimas fueron las que menor acumulación de horas grado necesitaron para llegar a esta etapa. Aunque de manera general la variedad 'Brown Turkey' que se evaluó en esta investigación requirió una mayor acumulación de GD, entre 1272.1 y 1612.7 para el caso de las plantas obtenidas por estacas, los resultados contrastan con los encontrados por este autor, ya que fueron las plantas sometidas a un déficit hídrico similar (50 %) las plantas necesitaron una mayor acumulación de GD para entrar a la etapa reproductiva. Otros autores como Ricardez (2020) al evaluar la duración de las fases fenológicas de *Capsicum annum* var. *glabriusculum* sometido a un déficit hídrico (50 % CC), observó que estas tuvieron una mayor duración que aquellas que crecieron con la cantidad necesaria de riego, que es similar a lo que encontramos en higo donde las etapas fenológicas evaluadas fueron más tardías en plantas sometidas a déficit hídrico.

En cuanto a la variable de número de frutos, tanto el tratamiento 3 (*in vitro* + 1.7 mm/día) como el 5 (*in vitro* 1.1 mm/día) no presentaron frutos hasta la instancia estudiada, mientras que el tratamiento 2 (Estaca + 2.3 mm/día) presentó la mayor media de número de frutos con 10 frutos. Rivera-González et al. (2019) al evaluar el rendimiento y sus componentes en higo sometido a déficit hídrico, encontraron diferencias en el número de frutos por plantas, siendo aquellas que se sometieron a riegos deficitarios del 75 y 50 % los que presentaron un mayor número de frutos pro planta (125, 89 frutos, respectivamente) en comparación con aquellas que recibieron riego completo (84 frutos), resultados que concuerdan parcialmente con los obtenidos en este trabajo donde no se encontraron diferencias estadísticas para esta variable.

Galindo et al (2018) menciona que el riego deficitario máxima el rendimiento por unidad de volumen de agua aplicado, pero no el rendimiento por unidad de superficie.

Cuadro 3. Comparación múltiple de medias para los grados días de desarrollo y etapas fenológicas para el tipo de propagaciónn y niveles de riego.

Tratamiento	GDB	GD3	GD5	GDF	NF
T1- In vitro + 2.3 mm/día	**153.6 c**	**311.56 d**	**451.14 c**	2872.7 a	0.25 a
T2- Estaca + 2.3 mm/día	187.63 bc	355.9 abc	485.45 abc	**1272.1 b**	10 a
T3- In vitro + 1.7 mm/día	172.26 bc	332.57 cd	475.78 bc	3215.8 a	**0 a**
T4- Estaca + 1.7 mm/día	214.3 ab	377.68 ab	537.46 ab	1305.1 b	**9.5 a**
T5- In vitro 1.1 mm/día	206.58 abc	348 cb	507.4 abc	**3247.4 a**	**0 a**
T6- Estaca 1.1 mm/día	**245.83 a**	**388.65 a**	**552.39 a**	1612. 7 b	7.75 a
C. V	12.06	4.52	6.14	23.94	44.53
DMS	53.31	35.85	69.25	1213	11.85

DMS diferencias mínimas significativas honesta, C.V Coeficiente de variación, GDB: grados días de desarrollo a brotación, GD3: grados días de desarrollo a 3ra hoja, GD5: grados días de desarrollo a 5a hoja, GDF: grados días de desarrollo a primer fruto, NF: número de frutos. Medias con la misma letra en el sentido de la columna son iguales de acuerdo con la prueba de Tukey a una $P \leq 0.05$.

VII.   CONCLUSIONES

El tipo de propagación y el déficit hídrico inducido con 3 niveles de riego afectan la longitud de los tallos y el efecto de ambos es significativo de manera individual mientras que su interacción es prácticamente nula.

Los grados días de desarrollo si están determinados por el tipo de propagación y el nivel de riego que se les aplica, siendo las vitroplanta con mayor nivel de riego las que presentaron mayor precocidad en el cumplimiento de las etapas fenológicas y que además tienden a un menor requerimiento de grados días de desarrollo.

El desarrollo de los frutos y el número de frutos es mayor para las plantas propagadas por estaca, mientras que en las vitroplantas es casi nulo en este sistema de producción.

Para un mayor número de frutos y mayor vigorosidad vegetativa la mejor opción para el sistema de producción intensivo es de plantas propagadas por estaca con el 100% de la demanda de riego.

Para generar mayor precocidad en las etapas fenológicas, con menor número de grados días de desarrollo lo ideal sería producir con vitroplantas y el 100% de la demanda del agua del cultivo de higo.

VIII. LITERATURA CITADA

Allen R. G., M. E. Jensen, J. L. Wright, y R. D. Burman. 1989. Operational estimates of reference evapotranspiration. Agronomy Journal 81:650-662.

Altamirano J. G. Respuestas eco-fisiológicas y productividad del agua de riego en higo (*Ficus carica* L) 'Black Mission' bajo condiciones de malla sombra y sometido a riego salino controlado mediante división radicular. Tesis de Maestría. Programa de maestría en ciencias en plasticultura. Saltillo, Coahuila, México. 65 p.

Avramova V., Sprangers K., Beemster, GTS La hoja de maíz: otra perspectiva sobre la regulación del crecimiento. Tendencias de ciencia vegetal . 20 , 787-797 (2015).

Costa A. 2019. La higuera. Frutal mediterráneo para climas cálidos. Madrid, España: Ediciones Mundi-Prensa.

Cross H. Z. and M. S. Zuber. 1997. Prediction of flowering dates in maize based on different methods of estimating thermal units. Agronomycal Journal 64: 351-355.

De Cara G. J. A., C. Ruiz L. y A. Mestre B. 2007. Adaptación del código BBCH a la observación fenológica de la AEMET. Jonadas científicas del AME. 30: 1-7

De Soua A. l.P. 2013. Irrifation Management on the fig tres (*Ficus carica* L.) using the soil water balance. Dissertation (Master Science in Agronomy, Soil Science. Institute fo Agronomy Department Soils. Universidad Federal Rural. Río de Janeior

Demiralay A, Yalçin-Mendi Y, Aka-Kaçar Y, Çetiner S. 1998. In vitro propagation of *Ficus carica* L. var. Bursa Siyahi through meristem culture. Acta Hortic 480:165– 167

Elías C. F. y S. F. Castellví. 2001. Agrometeorología. 2ª ed. Mundi-Prensa. Madrid, España. 517 p.

El-Shazly S. M. Mustafa N. S. and El-Berry I. M. 2014. Evaluation of some fig cultivars grown under water stress conditions in newly reclaimed soils. Middle-East J. Sci. Res. 21(8):1167-1179.

FAO (Food and Agricultural Organization). 2000. Agricultura: Glosario de términos sobre humedad de suelo. Departamento Económico y Social, FAO, Roma. En línea: https://www.fao.org/es/#data/QBF. Consultado: 10/09/23.

FAO (Food and Agricultural Organization). 2011. Guía para las responsabilidades de las políticas de intensificación sostenible de la producción agrícola de pequeña escala. En línea: https://www.fao./es/#data/QCL. Consultado: 07/09/23.

FAO (Food and Agricultural Organization). 2018. Estadísticas de producción de higo. En línea: https://www.fao.org/faostat/es/#data/DBE. Consultado: 10/09/23.

FAO (Food and Agricultural Organization). 2006. Evapotranspiración del cultivo. Guías para la determinación de los requerimientos de agua de los cultivos. In estudio Fao riego y drenaje. https://doi.org/M-56 Consultado 07/09/23

FAOSTAT (Organización de las Naciones Unidas para la Alimentación y la Agricultura). 2020. Producción de higo en México. En línea: https://www.fao.org/faostat/es/#data/QCL. Consultado: 15/09/23.

Fischer R.A. R. Maurer. 2012. Drought resistance in spring wheat cultivars. l: Grain yield response. Aust. J. Agric. Res. 29:897-912.

Flaishman M. A. Rodov V., Stover E. 2002. The fig: botany, horticulture and breeding. Horticultural Reviews-Westport then New York, 34:113.

Flores A. 1990. La higuera. Mundi-Prensa. Madrid. 190 pp.

Galindo, A., Collado-González, J., Griñán, I., Corell, M., Centeno, A., Martín-Palomo, MJ, Girón, IF, Rodríguez, P., Cruz, ZN, Memmi, H. , Carbonell-Barrachina, AA, Hernández, F., Torrecillas, A., Moriana, A., & López-Pérez, D. 2018. Riego deficitario y cultivos frutales emergentes como estrategia para ahorrar agua en agrosistemas semiáridos mediterráneos. *Gestión del agua agrícola , 202 ,* 311-324.

Gárate M. 2010. Técnicas de propagación por estacas. Tesis ingeniero Agrónomo. Ucayali, Perú, Universidad Nacional de Ucayali. 42p.

Hidroponia 2015. Importancia del cultivo de higo en México. Artículos agrícolas. México. 4 p.

Hronkova M. H., Zahradnickova M., Simkova P., Simek A., Heydova. 2003. The role of abscisic acid in acclimation of plants cultivated in vitro to ex vitro conditions. Biologia Plantarum 46: 535–541.

INTAGRI (Instituto para la innovación tecnológica en la agricultura). 2020. Producción Higo en México. Serie Frutales, Núm. 60. Artículos Técnicos de INTAGRI. México. 4 p.

Kisley M. E., Hartmann A., Bar-Yosef O. 2006. Early domesticated fig in the Jordan Valley. Science 312(5778): 1372-1374.

Kulkarni M., S. Pharkle. 2009. Evaluating variability of root size suystem and its constitutive traits in hot pepper (*Capsicum Annum* L.) under water stress. Scientia Hortuculturae 120: 159-166.

Lobos G. 2017. Manejo hídrico en frutales bajo condiciones edafoclimáticas de Limarí y Choapa. inia intihuasi La Serena, Chile, Boletín INIA Nº 355.

Lombardini L y Rossi L. 2019. Dryland Ecohydrology. Agronomía Colombiana, 28(1), 71-79.

Lucero G. 2018. Diseño de un sistema de riego mediante difusores subterráneos y su efecto en la ecofisiología y productividad del agua en la higuera (*Ficus carica* L.) Tesis de doctor en ciencias. Centro de Investigaciones del Noroeste, S.C, la Paz, Baja California Sur. 78 p.

McMaster G. S., and W. Wilhelm. W. 1997. Growing degree-days: one equation, two interpretations. Agricultural and Forest Meteorology 87 (4): 291–300.

McMaster G.S., W. Wilhelm W., A. Morgan J. 1992. Simulating winter wheat shoot ápex phenology. Journal of Agricultural Science119: 1-12

Melgarejo P. 2000. El cultivo de la higuera (*Ficus carica* L). Universidad Miguel Hernández de Elche. Ed. IRAGRA, S. A. Madrid. 112 p.

Melgarejo M. P. 1999. El cultivo de la higuera (*Ficus carica* L.), edición. A. Madrid Vicente, Ediciones, Madrid. 116 p.

Melgarejo, P. 1996. La higuera. Autor-Editor. Orihuela. Madrid Vicente, Ediciones, Madrid 83 pp.

Mendoza R.J., L. 2019. Efecto de tres dosis de ROOT-HOR en el enraizamiento de estacas de higo (*Ficus carica*) en condiciones de vivero. Tesis de Licenciatura. Universidad del Santa, Chibote, Peru. 70 p.

Muñoz V. J. A., M. Palomo R., H. Macías R., M. Rivera G. y G. Esquivel A. 2017. Dinámica del crecimiento fenológico de higuera (*Ficus carica* L.) con altas densidades de plantación en macro-túneles. AGROFAZ 15:133-141.

Nuñez-Ramos J. E., Quiala L., Posada S., Mestanza L., Sarmiento D., Daniels C., Arroyo B. Naranjo K., Vizuete C., Noceda R., Gomez-Kosky. 2020. Morphological and physiological responses of tara (*Caesalpinia spinosa* (Mol.) O. Kuntz) microshoots to ventilation and sucrose treatments. In Vitro Cellular & Developmantal Biology 57: 1 -14.

Ortuño M. 2017. Variedades de la higuera. Datos para una correcta elección varietal. Vida Rural. Año III. N° 27, 92-95.

Pereira C., M. J. Serradilla., A. Martín., M del C. Villalobos., F. Pérez G., y M. López C. 2015. Agronomic behaviour and quality of six cultivars for fresh consumption. Scientia Horitculturae 185: 121 – 128.

Pereira R., Villa-Nova N., Soares A., Barbieri V. 1995. A model for the class A pan coefficient. Agricultural and Forest Meteorology 76:75- 82.

Prabhakar B. N., S. Halepyati A., B. Desai K. and T. Pujari B. 2007. Growing degree days and photo thermal units accumulation of wheat (*Triticum aestivum* L. and T. *durum Desf.*) genotypes as influenced by dates of sowing. Karnataka Journal of Agricultural Sciences 20(3): 594-595.

Pucha M.L.A 2016. Evaluación de nueve accesiones de higo (*Ficus carica* L.) en la estación experimental del austro del INIAP, cantón Gualaceo provincia del Azuay-Ecuador. Tesis de Maestría. Universidad de Cuenca, Cuenca, Ecuador. 181 p.

Qadir G., A. Cheema M., F. Hassan, M. Ashraf and M. Wahid A. 2007. Relationship of heat units accumulation and fatty acid composition in sunflower. Pakistan Journal of Agricultural Sciences 44(1): 24-29.

Ricardez L. 2020. Efectos fisiológicos y bioquímicos del estrés hídrico en *Capsicum annuum* variedad *glabriusculum*. Tesis de maestría en ciencias. H. Cárdenas. Tabasco. México. 80 p.

Rivera G., Delgado R. G., Macías R., Muñoz V. 2016. Determinación de las necesidades hídricas del cultivo de higuera en riego por goteo y alta población en la región Lagunera. AGROFAZ. Coahuila. Mexico. pp.88

Rodriguez J. y Valdez G. 1999. Riego de la de la higuera. Comunidad Valenciana España. Revista Comunidad Valenciana Agraria. pp:33-38.

Rodríguez R., R. Becquer, Y. Pino, D. López, R. Rodríguez, G. Lorente, R. Izquierdo, y J. González. 2016. Producción de frutos de piña (*Ananas comosus* (L) Merr) MD-2 a partir de vitroplantas. Cultivos Tropicales 37(1): 40-48

Rojas G. S., García L. J. y Alarcón R. M. 2004. Propagación Asexual De Plantas. Editorial Produmedios.31 p

SADER (Secretaria de agricultura y desarrollo rural). 2019. Morelos principal productor de higo a nivel nacional. En línea: https://www.gob.mx/agricultura%7Cmorelos/articulos/morelos-principal-productor-de-higo-a-nivel-nacional#:~:text=Morelos%20es%20el%20principal%20productor,boom%20en%20los%20%C3%BAltimos%20a%C3%B1os. Consultado: 02/08/2023.

SIAP (Servicio de Información Agroalimentaria y Pesquera). 2019. Anuario Estadístico de la Producción Agrícola En línea: https://nube.siap.gob.mx/cierreagricola consultado: el 5 de septiembre de 2023.

Sperlich, D., Zhou S., Medlyn B., Sabate S. & Prentice, I. C. (2014). Short-term water stress impacts on stomatal, mesophyll and biochemical limitations to photosynthesis differ consistently among tree species from contrasting climates. Tree Physiology, 34, 1035–1046. doi:10.1093/treephys/tpu072

Tumut S. 2002. Fig growing in NSW. Agfact H3.1.19, first edition, September 2002 Julie Brien, District Horticulturist, Gosford Division of Plant Industries. https://www.dpi.nsw.gov.au/__data/assets/pdf_file/0017/119501/fig-growingnsw.pdf consultado el 11/09/2023.

Valdés G., Escartín, N., Lorente, M., Malagón, J., y Bartual, J. 2009. Evaluación agronómica y caracterización morfológica de material seleccionado de higuera para producción de brevas en Alicante. Actas de Horticultura (54): 135-138.

Villalobos J. A. M., Rodríguez, M. P., Rodríguez, H. M., González, M. R., y Arriaga, G. E. 2015. Dinámica del crecimiento fenológico de higuera (*Ficus carica* L.) con altas densidades de plantación en macro-tuneles. Agrofaz: publicación semestral de investigación científica 15(2): 133-141.

Yousfi N., I. Slama and C. Abdelly. 2016. Phenology, leaf gas exchange, growth, and seed yield in contrasting Medicago truncatula and Medicago laciniata populations during prolonged water deficit and recovery. Botany. 90(2): 79-91.

yes
I want morebooks!

Buy your books fast and straightforward online - at one of world's fastest growing online book stores! Environmentally sound due to Print-on-Demand technologies.

Buy your books online at
www.morebooks.shop

¡Compre sus libros rápido y directo en internet, en una de las librerías en línea con mayor crecimiento en el mundo! Producción que protege el medio ambiente a través de las tecnologías de impresión bajo demanda.

Compre sus libros online en
www.morebooks.shop

info@omniscriptum.com
www.omniscriptum.com

Printed by Books on Demand GmbH, Norderstedt / Germany